自然的匠人:了不起的古代发明

溜索

屠方 刘欢 著 覃小恬 绘

电子工业出版社

Publishing House of Electronics Industry

北京·BEIJING

　　傈僳族世代居住在怒江、澜沧江、金沙江等流域的河谷山坡上，是典型的山地民族。他们生活的区域自然资源极为丰富，雨水充沛，土壤肥沃，适合种植各种农作物。勤劳的傈僳族先民们很早就会利用良好的自然条件进行农业生产和矿产挖掘。

然而，傈僳族居住地的交通条件极为恶劣，那里高山陡峭，河谷深邃，水流湍急。因此，傈僳族先民们的出行非常困难，不仅生产物资难以对外输送，而且对外的文化交流也受到了阻碍。早期的傈僳族先民们的生活贫穷而落后。

虽然困难重重，但是傈僳族先民从不畏惧挑战。他们背起竹篓，往里面装上沉重的货物，用双脚在崇山峻岭之间艰难地跋涉。有时候在山路绕行好几里，只是为了跨过几百米甚至几十米的河岸。还有的时候，需要走上几天几夜才能到达目的地。

　　尽管距离遥远，傈僳族还是找到了相互沟通的有效方式。两岸的人们常以歌声来代替自己的心声，以对歌的形式进行沟通和交流。他们会在两岸唱起歌谣，一方唱罢，另一方接着唱。他们的声音洪亮悦耳，对歌的气氛也很热烈活跃。

青年男女在长期的对歌中，会产生爱慕之情，无奈波涛汹涌的江河阻挡了他们。

　　有一天，一对年轻的恋人来到岸边对歌。因为刚下过暴雨，天空中出现了一座彩虹桥，横跨两岸，这美丽的景色仿佛衬托着他们甜美的爱情。

　　年轻的小伙子灵光一闪：有没有可能找到一个方法，让自己像彩虹一样跨到对岸去呢？这样他就可以拥抱爱人了，而且乡亲们的出行和货物的运输也会变得方便。

　　小伙子仔细思索后，陷入了苦恼：奔腾的河流上难以架设桥梁，礁石累累的河道也行不了小舟，究竟要怎样才能够造出理想的彩虹桥呢？

一个遍地露珠的清晨，小伙子早早地来到岸边，一只结网的蜘蛛引起了小伙子的注意。

他观察发现，蜘蛛会沿着蛛丝上下起舞，时而摆动身体，时而跳跃前进。小伙子觉得，如果可以像蜘蛛在蛛丝上一样过河，就可以到达对岸。

小伙子受此启发，马上带着砍刀来到深山密林里砍伐竹子和藤条，他要编织一条又粗又长的竹篾绳子。竹子和藤条经过他灵巧的双手，终于被成功地编织成了竹篾绳。

之后，他又将竹篾绳的一端系在河岸边的大树上，用弓箭将另一端射向对岸。对岸的心上人将射过来的绳头系在大树上。这样，一条连接两岸的索道就算架设完成了。

索道架设完成后，下一步就是安全地到达对岸。小伙子用麻绳的一端系在自己的腰部和臀部，另一端挂在竹篾绳上，向对岸攀爬过去。在惊险的攀爬过程中，绳索时常剧烈地晃动，小伙子感到恐惧，不敢再爬行。乡民们跑了过来，给他打气鼓励，最终他完成了傈僳族历史上第一次的溜索。

到达彼岸的那一刻，年轻的恋人紧紧地拥抱在一起，热泪盈眶。

　　小伙子没有被喜悦冲昏头脑，他马上思考起如何改良溜索。他意识到：现在的平行溜索让一个年轻力壮的人爬行都感到困难，更何况老弱妇孺呢？如果再带上货物，就更加没有办法使用溜索了。

　　奔腾的河水给了小伙子第二次启发：将溜索架设成高低走势的形态，不就可以借势滑行了吗？

在恋人的帮助下，小伙子做了两条竹篾绳，分别在河上架设了高低相错的两条索道。每一次，只要顺着由高向低的索道滑向对岸，就可以减少很多体力的消耗，就算是老弱妇孺也可以轻松地跨越江河了。

23

当溜索改良完成后，这项技术被广泛应用于日常生活之中：比如父母带着子女过河，乡民背着鸡鸭猪羊过河，等等。从此，傈僳族人依托溜索在江面上自如往来，穿梭如风。

外来的人乍看之下，都会感到提心吊胆，但是傈僳族人却认为：不会过溜索，算不得傈僳族人。这让人不得不佩服傈僳族人的勇气和征服自然的魄力。

但是，溜索还有本质的缺点——竹篾绳做的溜索容易磨损，每次要溜索过江时，傈僳族人都会认真检查绳索，在确认安全的情况下才会滑索前行。每套溜索在使用一段时间后，也都会定期进行维护和更换。

溜索不仅有容易磨损的缺点，在一些宽阔的江段，因为距离过长，弓箭无法射到对岸，造成溜索无法架设。

　　这样的情况下，傈僳族人只有走到有溜索的地方才能过江，如果需要将货物运到对岸，则要将沉重的物资一点点背到溜索处。

　　新的难题摆在了傈僳族人面前——有什么办法可以在宽阔的江上架设溜索呢？

小伙子再一次展现了他的智慧，解决了这个难题。有一次，他看到族人在岸边甩竿钓鱼，小伙子突发奇想，在江两岸分别派一个拿着鱼竿的人，双方都在鱼钩处系上石子，并尽力甩向对岸，让两个石子带着线缠绕在一起。然后，把竹篾绳的一端系到鱼线上，由对岸的人拉到岸上。

这样的设计巧妙地解决了弓箭无法到达对岸的问题。从此，宽阔的怒江、澜沧江、金沙江等河段都阻止不了傈僳族先民们架设溜索了。

千百年来，溜索给生活在这片区域的傈僳族、怒族等民族带来了便利。但竹篾编织的绳索毕竟是植物材质，频繁的维护和更换也阻止不了风吹雨淋之下的腐烂趋势。绳身断裂造成人坠落而亡的悲剧时有发生。

这个问题在新中国成立后得到了解决，政府将竹篾绳换成了钢索，溜索的安全性得到了最大保障。

并且，随着造桥技术的发展，曾经不可逾越的大江大河之上都架起了桥梁，"一桥飞架南北，天堑变通途"，傈僳族人再也不用冒着生命危险溜索渡江了。

现如今，曾经渡江的溜索从交通工具变成了发家致富的工具，傈僳族人用溜索吸引各地游客，积极发展旅游事业。同时，他们也保留了过去的文化记忆，并代代相传。

图书在版编目（CIP）数据

自然的匠人：了不起的古代发明. 溜索 / 屠方, 刘欢著；覃小恬绘.-- 北京 : 电子工业出版社, 2023.12
ISBN 978-7-121-46561-1

Ⅰ.①自… Ⅱ.①屠… ②刘… ③覃… Ⅲ.①科学技术－创造发明－中国－古代－少儿读物 Ⅳ.①N092-49

中国国家版本馆CIP数据核字（2023）第202607号

责任编辑：朱思霖　特约编辑：郑圆圆
印　　刷：天津图文方嘉印刷有限公司
装　　订：天津图文方嘉印刷有限公司
出版发行：电子工业出版社
　　　　　北京市海淀区万寿路173信箱　邮编：100036
开　　本：889×1194　1/16　印张：13.5　字数：138.6千字
版　　次：2023年12月第1版
印　　次：2023年12月第1次印刷
定　　价：138.00元（全6册）

凡所购买电子工业出版社图书有缺损问题，请向购买书店调换。若书店售缺，请与本社发行部联
系，联系及邮购电话：（010）88254888，88258888。
　　质量投诉请发邮件至zlts@phei.com.cn，盗版侵权举报请发邮件至dbqq@phei.com.cn。
　　本书咨询联系方式：（010）88254161转1859，zhusl@phei.com.cn。